CHICO BENTO©

A FAZENDA E A VIDA NA ROÇA: DO CULTIVO À MESA

Dados Internacionais de Catalogação na Publicação (CIP)
Angélica Ilacqua CRB-8/7057

Nazario, Nina
Turma do Chico Bento: a fazenda e a vida na roça : do cultivo à mesa / Nina Nazario; ilustrações de Mauricio de Sousa. – Barueri, SP : Girassol, 2025.
64 p.: il., color.

ISBN 978-65-5530-948-5

1. Literatura infantojuvenil brasileira I. Título II. Sousa, Mauricio de

25-1019 CDD 028.5

Índices para catálogo sistemático:

1. Literatura infantojuvenil brasileira

Este livro foi impresso em 1ª edição em 2025, em papel couché 115 g/m², com capa em cartão 250 g/m².

GIRASSOL BRASIL EDIÇÕES LTDA.
Av. Copacabana, 325, Sala 1301
Alphaville – Barueri – SP – 06472-001
sac@grupogirassolbrasil.com.br
www.girassolbrasil.com.br

Diretora editorial: Karine Gonçalves Pansa
Coordenação editorial: Carolina Cespedes
Editora assistentes: Lívia Pupo Sibinel
Assistente de conteúdo e metadados: Rebecca Silva
Texto: Nina Nazario

MSP Estúdios

Presidente: Mauricio de Sousa
Diretoria Executiva: Fábio Junqueira, Marcos S. e S. Saraiva, Marina T. e Sousa Cameron, Mauro Takeda e Sousa.
Conselho: Alice K. Takeda, Mônica S. e Sousa
Mauricio de Sousa é membro da Academia Paulista de Letras (APL)

PUBLISHING

Diretoria Executiva de Conteúdo: Marcos S. e S. Saraiva, Marina T. e Sousa Cameron
Head de Publishing: Wagner Bonilla
Supervisão de Conteúdo: Emerson Agune, Giulia Ebohon, Sidney Gusman, Wagner Bonilla
Gerente de Conteúdo Editorial: Emerson Agune
Editor: Sidney Gusman
Editor de Arte: Mauro Souza
Coordenação de Conteúdo: Giulia Ebohon
Coordenação Administrativa: Cida Rabello
Produção Editorial: Juliana Bojczuk
Coordenação de Arte-final: Juliana Mendes, Tatiana Monteiro
Revisão de Textos: Daniela Gomes Furlan, Lina Furlan
Diretoria Executiva Comercial: Marcos S. e S. Saraiva, Mauro Takeda e Sousa
Diretor de Licenciamento: Rodrigo Paiva
Coordenadora Comercial: Alexandra Paulista
Analista Comercial: Maria Vitorino
Jurídico: Alexandre Siqueira
Desenho de capa: Anderson Nunes
Cor de capa: Mauro Souza
Desenho: Altino Lobo
Cor: Amanda Neves, Kaio Bruder, Luiz Henrique Pedroso, Marcelo Conquista, Mariana Reis, Marina Ongaro, Mariangela Saraiva Ferradás, Mauro Souza, Peterson Mazzoco
Designer Gráfico e Diagramação: Mariangela Saraiva Ferradás

msp@mspestudios.com.br
Rua Werner Von Siemens, 111 Prédio 19 - Espaço 1, Lapa de Baixo - São Paulo - SP - 05069-900 - Tel.: (11) 3613-5000

www.turmadamonica.com.br

Nina Nazario

CHICO BENTO
A FAZENDA E A VIDA NA ROÇA: DO CULTIVO À MESA

MSP ESTÚDIOS

GIRASSOL

O ambiente rural

Muitos alimentos que comemos todos os dias têm origem no campo e são produzidos e transportados até as cidades por produtores rurais. Nesse ambiente, existem plantações de verduras, frutas e outros vegetais, além da criação de diferentes animais.

Os moradores do campo vivem em propriedades rurais, que podem ser comandadas por uma família. Existem também propriedades maiores, as fazendas, com vários funcionários.

O galinheiro

O galinheiro é um lugar meio barulhento... As galinhas vivem cacarejando e ainda tem o piado dos pintinhos.

Já os galos são um despertador natural: eles cantam antes do amanhecer, anunciando o começo de um novo dia. O canto é uma forma de esses animais marcarem território.

O chiqueiro

A criação de porcos é uma atividade importante para as famílias de produtores rurais. A venda da carne gera renda e, às vezes, os animais também são usados como alimento pelos próprios donos, enriquecendo a dieta das famílias.

As cabras

As cabras são animais dóceis e resistentes a doenças. Elas se adaptam a diferentes climas e sobrevivem em locais mais secos e com pouca chuva, como a Caatinga. Como não precisam de grandes áreas para viver, é mais fácil para pequenos e médios produtores rurais criá-las.

A criação de cabras fornece carne, leite, que é utilizado para fabricar queijos e iogurtes, e pele, que é usada para fazer produtos como bolsas e carteiras.

Os bois e as vacas

O gado leiteiro é aquele criado para obtenção do leite. Durante o ano, há momentos em que as pastagens crescem bastante, oferecendo alimento abundante e de boa qualidade para as vacas. Nas épocas de pastagem escassa, o produtor precisa complementar a dieta dos animais.

A vacinação do gado é importante para a saúde do rebanho, seja ele de gado leiteiro, criado para a produção de leite, ou de gado de corte, que fornece carne.

A rotina rural

No campo, as atividades começam cedo. Antes mesmo de o sol nascer, os produtores rurais já estão se preparando para as tarefas diárias, como a retirada do leite das vacas, a alimentação dos animais de criação e os cuidados com as plantações.

Em muitas regiões do Brasil, o café da manhã na roça é uma refeição reforçada e pode ter alimentos como batata-doce, frango e café com leite.

O solo

Para que as plantações se desenvolvam, o solo precisa de cuidados.

Antes do plantio, é preciso arar a terra para ela ficar fofa e aerada. Essa tarefa pode ser feita com um arado puxado por um animal ou com um trator.

O solo também precisa ser adubado. O adubo, substância que ajuda as plantas a crescerem mais fortes e saudáveis, pode ser orgânico e preparado na propriedade rural. Ou, ainda, pode ser um adubo industrializado, que então precisa ser comprado.

A semeadura e a germinação

O plantio costuma ser feito com sementes, mudas ou partes de plantas, como o caule.

Aos poucos, as sementes enterradas germinam e as mudas crescem. Já as partes da planta se desenvolvem e formam novas estruturas, virando plantas jovens.

Com o passar do tempo e os cuidados necessários, a plantação se desenvolve.

A água

O excesso ou a falta de água podem destruir uma plantação. A quantidade de água necessária e o momento em que o plantio deve ser regado variam dependendo da planta.

A chuva rega naturalmente as plantações. Mas, em muitos casos, a irrigação é feita de forma artificial.

A colheita

O trabalho duro dos agricultores é recompensado na colheita. Folhas, frutos, raízes e outras partes das plantas se desenvolveram nas plantações até que chega a hora de colher esses alimentos.

As folhas do repolho, por exemplo, crescem umas sobre as outras, formando uma estrutura arredondada chamada cabeça do repolho. Na colheita, a cabeça é cortada da planta.

O milho

Há órgãos de desenvolvimento rural que ajudam os agricultores familiares a cultivar plantas, como o milho. A venda do milho gera renda, além de alimentar as famílias e os animais de criação.

O Brasil é um dos maiores produtores de milho do mundo. Grande parte da produção é feita em monoculturas, que são enormes plantações de uma única planta.

O feijão

As sementes de feijão crescem dentro de frutos, chamados vagem. A colheita acontece depois que o fruto verde seca e as sementes ficam maduras.

O feijão é um dos principais ingredientes da culinária brasileira. Há diversas variedades dele, como o feijão-carioca, o feijão-preto e o feijão-branco.

A soja

Um produto muito cultivado nas monoculturas brasileiras é a soja. No início, a plantação é verde, mas depois as plantas secam e ficam amarelo-claras. Então, ocorre a colheita.

Os grãos colhidos são descarregados da colheitadeira em caçambas de caminhões. A soja é usada, por exemplo, na produção de óleos, farinhas, rações de animais e lecitina, um ingrediente de pães e chocolates.

O arroz

O arroz é um dos cereais mais consumidos no mundo. É uma importante fonte de energia, além de conter fibras, vitaminas e minerais.

No Brasil, a forma mais comum de cultivo de arroz é por irrigação, quando a lavoura fica inundada quase o tempo todo. O arroz e o feijão formam a dupla que mais aparece nas refeições dos brasileiros. Afinal, quem nunca comeu um belo prato de arroz com feijão em um almoço com a família?

A cana-de-açúcar

O plantio da cana-de-açúcar pode ser feito com pedaços do caule, que é a parte da planta de onde crescem as folhas. Os pedaços plantados são chamados de toletes, e cada tolete se desenvolve e vira uma nova planta.

Depois de cortada, a cana é transportada para a extração industrial do seu caldo açucarado. Esse líquido pode ser usado, por exemplo, para produzir açúcar ou combustível etanol.

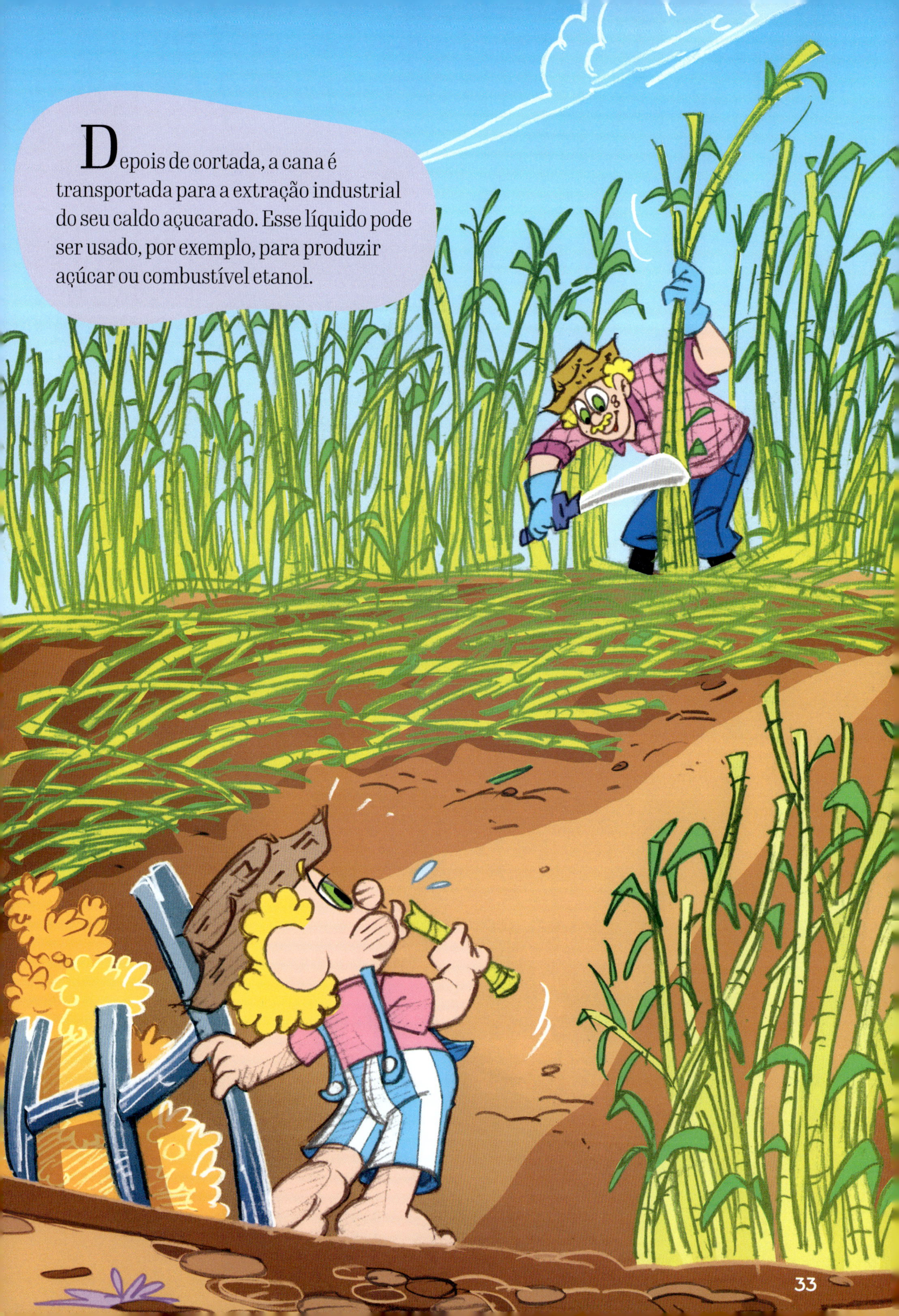

A batata e a cenoura

A batata-inglesa engana: apesar de crescer embaixo da terra, é um caule, e não uma raiz. O que os agricultores chamam de "semente da batata", na verdade, é a própria batata. Durante a colheita, as menores são guardadas para o plantio seguinte, em vez de serem comercializadas.

A cenoura também se desenvolve no solo e é uma raiz. A mais comum é a de cor laranja, mas existem cenouras roxas, vermelhas, amarelas, pretas e brancas.

As hortaliças

Alface, rúcula, escarola, agrião, salsa, cebolinha e coentro são exemplos de hortaliças folhosas. Além de serem cultivadas no solo, as hortaliças também podem ser produzidas por hidroponia. Nesse sistema, as raízes das plantas ficam na água, de onde obtêm nutrientes.

O cultivo hidropônico economiza água e pode ser feito em pequenas áreas. Inclusive, há experimentos para a construção de estufas hidropônicas em estações espaciais!

A laranja e o limão

Boa parte das laranjas colhidas nos pomares brasileiros é usada para produzir suco. O Brasil é um dos maiores exportadores de laranjas do mundo, sendo responsável por oito de cada dez copos dessa bebida consumidos no planeta!

Laranja-pera, laranja-lima e laranja-bahia são algumas das variedades cultivadas.

Formigas podem atacar os cultivos de limão. Um jeito de proteger as plantas jovens é envolver o caule com uma proteção laminada lisa que impede a subida do inseto até as folhas.

A banana

A produção de banana ocorre em todos os estados brasileiros, durante o ano todo. Não é à toa que as estimativas indicam que cada brasileiro come, em média, 25 quilos de banana por ano! É uma fruta saborosa e prática, basta descascá-la com as mãos e comer.

A banana-da-terra, por exemplo, é uma variedade que pode ser consumida assada, cozida ou frita, sendo um alimento básico para populações do Norte e do Nordeste brasileiro.

A uva

Metade da produção de uva brasileira é processada nas indústrias e transformada em produtos como vinhos e sucos. O restante das uvas é vendido como alimento fresco.

Apesar de ser uma fruta de clima temperado e, por isso, muito cultivada na região Sul do país, há grandes produções de uva em pleno sertão nordestino, um ambiente seco e quente o ano todo.

A maçã

A tecnologia ajuda a combater pragas que atacam plantações, como as de maçã. A Embrapa, um órgão de apoio aos produtores rurais, desenvolveu um aplicativo gratuito que ajuda a identificar doenças e pragas nos cultivos de maçã. O agricultor observa as macieiras, consulta fotos no aplicativo e responde a perguntas até descobrir o que está afetando a planta.

O abacaxi

Não se usa semente para plantar o abacaxi. As mudas são produzidas a partir de pedaços saudáveis da própria planta. A coroa do abacaxi – o topo da fruta com as folhas verdes – pode ser uma muda.

O abacaxi amadurece na planta e não deve ser colhido verde. Se a colheita acontece antes da hora, as frutas ficam azedas e sem o seu sabor adocicado característico.

A manga

Há muito tempo, por volta do século XV, colonizadores portugueses trouxeram as primeiras sementes de manga da Índia para o Brasil. A planta se adaptou às condições locais e hoje é cultivada na maioria dos estados.

A região Nordeste é a principal produtora de manga. O cultivo é favorecido por bastante iluminação e pela temperatura alta, entre 24 °C e 30 °C.

A melancia

A melancieira é uma planta rasteira, ou seja, que cresce perto do solo. As melancias se desenvolvem e ficam prontas para a colheita rapidamente, cerca de dois meses e meio após o plantio das sementes.

As abelhas são os principais polinizadores das melancias, pois transportam o pólen de uma flor a outra. Graças à participação das abelhas, mais frutos são formados e as melancias ficam mais pesadas e doces, gerando maior renda para o produtor.

A goiaba

Um dos segredos para a produção de goiabas grandes e de qualidade é o corte periódico de ramos das árvores, a chamada poda.

Depois de formado, o fruto pode ser colhido ainda verde, pois continua amadurecendo fora da goiabeira.

O bicho da goiaba vai parar dentro da fruta porque uma mosca põe ovos na casca da goiaba e deles nascem larvas. A larva se alimenta da polpa da goiaba e não faz mal à saúde se for comida. Ensacar os frutos das goiabeiras evita o bicho da goiaba e protege a plantação de ataques de aves.

As doenças, as pragas e os agrotóxicos

Se um inseto come partes das plantas ou um fungo causa uma doença em uma plantação, a produção agrícola é prejudicada.

PERCEVEJO, QUE ATACA PLANTAÇÕES DE SOJA.

FOLHA DO CAFÉ COM FUNGO.

INSETO VAQUINHA, QUE ATACA PLANTAÇÕES DE FEIJÃO.

O combate a doenças e pragas pode ser feito com agrotóxicos. Porém, esses produtos podem contaminar o solo e a água e causar intoxicações e doenças. Por isso, eles devem ser utilizados de forma controlada e de acordo com as regulamentações de três grandes órgãos fiscalizadores nacionais: a ANVISA (Agência Nacional de Vigilância Sanitária), o IBAMA (Instituto Brasileiro do Meio Ambiente e dos Recursos Naturais Renováveis) e o MAPA (Ministério da Agricultura e Pecuária).

A agricultura orgânica

Por ser livre de agrotóxicos, a agricultura orgânica é melhor para a saúde e para o meio ambiente.

Defensivos naturais, como pimenta com sabão ou água com babosa, podem ajudar a controlar pragas.

Cultivar diferentes plantas protege naturalmente as plantações. O alecrim, por exemplo, repele insetos e lesmas em hortas.

Em plantações orgânicas, as pragas podem ser mortas por predadores existentes no ambiente ou introduzidos pelo agricultor. As joaninhas, entre eles, comem a praga pulgão. Uma forma de levar os predadores até as lavouras é por meio de *drones*.

Os desastres naturais

Enchentes, vendavais, geadas e secas são exemplos de eventos ambientais que ameaçam os cultivos. Em situações desfavoráveis ao seu desenvolvimento, as plantas não resistem e morrem.

Os agricultores fazem o que podem para evitar perdas. O efeito das geadas, por exemplo, pode ser combatido por meio da cobertura das plantações com lonas, da aplicação de fumaça na lavoura para protegê-la contra o frio excessivo e por meio do ensacamento de mudas e frutos.

A conservação do solo e das matas

Nas áreas agrícolas, é importante ter vegetação natural, como florestas. As raízes das plantas mantêm o solo unido e evitam que ele seja arrastado pelo vento e pela chuva.

As matas da beira dos rios mantêm a terra das margens, preservando o rio. A água que evapora e cai em forma de chuva rega plantações e florestas.

O sistema agroflorestal imita uma floresta, com plantas variadas e de diferentes tamanhos, como árvores e arbustos. As características da agrofloresta ajudam a manter o solo fértil e a controlar pragas.

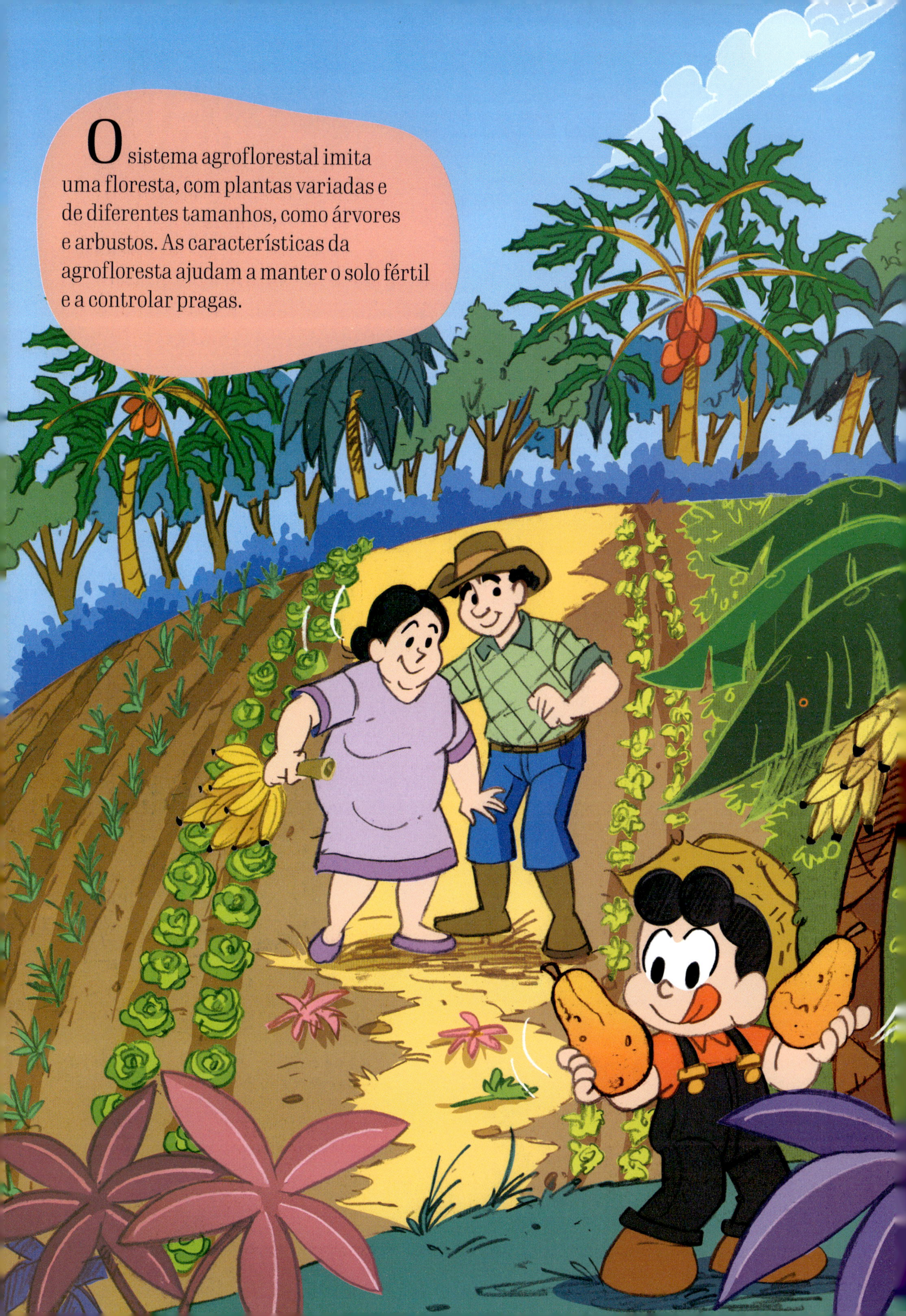

Valorize a comida!

Os alimentos armazenados na despensa e na geladeira das casas e a comida servida nas refeições são fruto do trabalho de muitos trabalhadores e trabalhadoras do campo.

Por isso, é essencial que todos valorizem suas refeições e reconheçam o trabalho desses profissionais tão importantes! Bom apetite!

Foto: Caio Gallucci

Foto: Rodrigo Pavão

Mauricio de Sousa nasceu em 27 de outubro de 1935, numa família de poetas e contadores de histórias em Santa Isabel, no interior de São Paulo.

Ainda criança, mudou-se para Mogi das Cruzes, onde descobriu sua paixão pelo desenho e começou a criar os primeiros personagens. Com 19 anos, foi para São Paulo tentar trabalhar como ilustrador na *Folha da Manhã* (hoje *Folha de S.Paulo*). No entanto, conseguiu apenas uma vaga de repórter policial.

Em 1959, publicou sua primeira tira diária, com as aventuras do garoto Franjinha e do seu cãozinho Bidu. As tiras de Mauricio de Sousa espalharam-se pelos jornais de todo o país, levando-o a montar um estúdio que hoje dá vida a mais de 400 personagens.

Em 1970, lançou a revista *Mônica* e, em 1971, recebeu o mais importante prêmio do mundo dos quadrinhos, o troféu Yellow Kid, em Lucca, na Itália. Seguindo o sucesso de Mônica, outros personagens também ganharam suas próprias revistas, que já passaram pelas editoras Abril e Globo e atualmente estão na Panini. Dos quadrinhos, eles foram para o teatro, o cinema, a televisão, a internet, parques temáticos e até para exposições de arte.

Nina Nazario é Mestre em Ecologia pela Universidade de São Paulo (USP), com ênfase em conservação ambiental e ecologia humana. É bacharel e licenciada em Ciências Biológicas também pela USP.

Autora de livros infantojuvenis sobre biomas brasileiros, publicou as obras impressas *Nina no Cerrado* (2006), *Nina na Mata Atlântica* (2009), *Nina no Pantanal* (2017) e *Turma da Mônica – Pequeno manual do meio ambiente: ecologia e biomas do Brasil para crianças* (2022). É autora do livro virtual *Pedro e as formigas* (2019), sobre formigas-saúva.

Ministrou cursos e oficinas sobre ambiente e educação ambiental para professores do ensino fundamental da rede pública, estudantes e comunidade.

Também trabalhou em projeto de coleta seletiva de lixo e em projetos sociais de melhoria de qualidade de vida de populações urbanas e rurais.

Elabora e edita materiais didáticos de Ciências da Natureza e, desde 2024, produz conteúdos educativos gratuitos, postados em sua página do LinkedIn.

Saiba mais em **www.ninanazario.com.br** e **ninanocerrado.wordpress.com**.